旧术犹新：

过去和未来的惊奇科技

李　婷　主编

特德·尼尔森
和上都计划

电子工业出版社·
Publishing House of Electronics Industry
北京·BEIJING

图书在版编目（CIP）数据

旧术犹新：过去和未来的惊奇科技.特德·尼尔森
和上都计划 / 李婷主编. -- 北京：电子工业出版社，
2021.4
ISBN 978-7-121-40389-7

Ⅰ.①旧… Ⅱ.①李… Ⅲ.①科技发展－世界－普及
读物 Ⅳ.①N11-49

中国版本图书馆CIP数据核字（2021）第009065号

责任编辑：胡　南
印　　刷：河北迅捷佳彩印刷有限公司
装　　订：河北迅捷佳彩印刷有限公司
出版发行：电子工业出版社
　　　　　北京市海淀区万寿路173信箱　邮编 100036
开　　本：720×1000　1/32　印张：9.125　字数：170千字
版　　次：2021年4月第1版
印　　次：2021年4月第1次印刷
定　　价：98.00元（全四册）

凡所购买电子工业出版社图书有缺损问题，请向购买书店
调换。若书店售缺，请与本社发行部联系，联系及邮购电话：
（010）88254888，88258888。

质量投诉请发邮件至zlts@phei.com.cn，盗版侵权举报请发邮件至
dbqq@phei.com.cn。

本书咨询联系方式：（010）88254210，influence@phei.com.cn，
微信号：yingxianglibook。

特德·尼尔森和上都计划

每年 8 月初，媒体都会刊文纪念万维网的诞生，向这个着实改变人类生活的技术致谢。万维网的本质是一种超文本系统。不过相比万维网，"超文本"这个概念及其提出者特德·尼尔森（Ted Nelson）在国内得到的关注却寥寥无几。然而，无论是回顾他的过往言论，还是观察他所开发的"上都计划"（Project Xanadu）的特征，都能看到他对超文本和互联网的定义和想象超越了时代的限制，至今仍有启发。

尼尔森于 2014 年发布了"上都计划"的试用版。在这个跳票了 50 多年的产品里，"不会失效的链接""双向链接""深度版本管理""增量管理"等特征都针对性地批判了如今万维网的缺陷。然而此时的万维网已经"以自己的方式奔涌向前"，"上都计划"注定无法阻止万维网的前进，最终沦为一个概念作品。

不过，在一些新型的协作工具中，我们却能看到一些与尼尔森的理念相似的特征与设计。例如被 Salesforce 以 7.5 亿美元收购的 Quip，又如由国人 Ivan Zhao 在硅谷参与创立的协作工具 Notion。这些产品都试图打破 MS

Office/Google Docs/Dropbox 等传统软件对信息的架构和流动的限制。那些曾在"上都计划"中试图实现的功能，在这些产品里隐约能看到雏形。

上都计划：失落的超文本

作者 | 陈朝

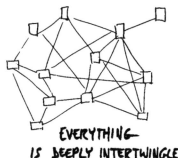

EVERYTHING
IS DEEPLY INTERTWINGLED.

In an important sense there are
no "subjects" at all; there is only
all knowledge, since the cross-
connections among the myriad topics
of this world simply cannot be
divided up neatly.

Hypertext at last offers the possibility
of representing and exploring it all
without carving it up destructively.

- 万物互联。
- 没有真正的"学科"，只有知识整体。世界上所有的主题之间有着千丝万缕的联系，它们不能被彻底分开。
- 超文本最终提供了一种可能性，让我们可以在不破坏系统的前提下去展示、探索它的全部。

忽必烈汗在上都曾经下令造一座堂皇的安
乐殿堂。

——萨缪尔·柯勒律治《忽必烈汗》，屠岸译

革命青年

革命青年的影子已经从特德·尼尔森身上消失殆尽。他已经年近八旬，保养良好，外表远比年龄年轻，看起来像是一位商人或者学者（他确实两者都是）。如今即便在科技领域，知道他的人也不多了。可是回到上世纪 70 年代，尼尔森却是黑客聚会上的小明星。这种声名来自他自费出版的一本书《计算机自由／梦想机器》（Computer Lib/Dream Machines）。

和很多在 20 世纪 70 年代投身计算机技术革命的年轻人一样，尼尔森出身良好，父母是知名导演和演员，大学就读于私立文理学院，60 年代就曾经拍摄过实验电影，在哈佛大学他攻读过哲学研究生，拿了社会学的硕士学位，后来还曾创办过自己的制片公司。如果按照这条路走下去，他大概会成为一名人文学者、艺术家或者商人。但真正吸引他的还是技术革命，而他投身技术革命的方式却很"传统"——出版技术革命小册子。

这本于 1974 年自费出版的《计算机自由／梦想机

器》花了大约两千美金，除了开本太大，这本书倒真像这一本革命宣传册。书的封面是一只紧握的拳头，内容则由语录、拼贴等组成，就像是 Twitter 出现之前的"推文"。这本书阐释了个人计算机与个人自由的关系，以及技术引发的个人生活的巨大变革。书中收录的短句没法承载什么严密的论证，但先知般的论断却有着别样的魔力。这种魔力和个人计算机的技术魔力产生了共振。书籍一经出版，就被一群早期极客奉为经典。

　　然而尼尔森的梦想不仅是当一名作家，他还有一个更宏大的设想"上都计划"（Project Xanadu）。上都（Xanadu）得名于英国诗人萨缪尔·柯勒律治（Samuel Coleridge）想象中由忽必烈营造的东方都市，其思想则是一种全新的信息组织形式。尼尔森在更早的 1960 年就设想了一个自带版本管理系统的文字编辑器，后来又打算加入协同编辑的功能。在 1965 年提交给美国计算机学会的论文中，他描述了一种新的写作模式：在一个文档里，我们可以从某段文字查询到它引用的另一段文字，通过这一套技术，我们可以把各种各样的内容链接在一起。这就是"超文本"（hypertext），一个尼尔森首创的单词。但直到 2014 年，距最初的设想 54 年之后，一个没有完全实现最初设想的版本出现在了互联网上。

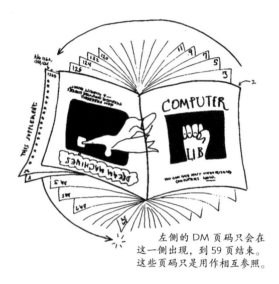

左侧的 DM 页码只会在
这一侧出现，到 59 页结束。
这些页码只是用作相互参照。

• 《计算机自由 / 梦想机器》的阅读说明

Memex 与 NLS

万尼瓦尔·布什对如今美国领先世界的科技有着巨
大的贡献，然而最重要的贡献却不是某一项发明发现，
而是他建立的科学体系。冷战中，美国的大学、研究机
构、军队和企业以一种新的方式联合在一起，获得政府
的巨额资金进行研发，这种体制被称为军工联合体。对
此，有人欢迎，有人抵触，《全球概览》的创始人斯图

亚特·布兰德甚至十分厌恶这种体制，生怕自己成为其中的螺丝钉。然而不管个人的情感如何，这种体制推动了 20 世纪很多"大科学"的进展。现代互联网的前身阿帕网（ARPANET）几乎直接来自这种体制下的另一个机构国防高等研究计划署（Defense Advanced Research Projects Agency，即 DARPA）。个人计算机先驱道格拉斯·恩格尔巴特（Douglas Engelbart）加入的斯坦福研究院（Stanford Research Institute）就是这种体制中的重要研究所。

　　1945 年，布什为《大西洋月刊》撰写了一篇文章《诚若所思》（As We May Think）。在这篇文章中，他预言了一种叫作 Memex 的机器，通过它学者可以方便存储各种文档，查询获取各种知识，一种新形式的百科全书将要诞生，他还精确地预言了这种机器必然要由当时还未诞生的电子计算机来实现。当时的恩格尔巴特还是一位在海外驻守的美军士兵，曾被这篇文章深深影响。60 年代，恩格尔巴特先是加入了斯坦福研究院，后来参与组建了增智研究中心（Augmentation Research Center）。1968 年，那里的科学家和工程师真的研发了一个近似 Memex 的系统，这个系统叫作 NLS（oN-Line System）。包含在这个系统中的，除了后来颠覆了计算机操作理念的鼠标，也包含一个超文本系统。在这个系统中允许不在线（在当时，不在线指的是手头没有接入计算机终端）的人对文档进行操作，先用电传打字机录入，之后再输入计算机中。尽管和我们现在用的互联网协同软件差异巨大，但是这个系统还是让人们可以一起编辑一个文档，文档之间可以用超文本链接互相引用。注意，这里的超文本链接还和互联网无关，只是文档之间的指向和引用。

在同一时代，出于对苏联太空进展的巨大焦虑，美国建立了DARPA。利克里德（J. C. R. Licklider）等学者在这里推进了另一项研发，1969年诞生了阿帕网，这个网络实现了计算机之间的互联，最初连接了加州大学洛杉矶分校、斯坦福研究院、加州大学圣巴巴拉分校和犹他大学。1973年，阿帕网已经连接到了英国和挪威。1974年，DARPA的罗伯特·卡恩（Robert Kahn）和斯坦福的温特·泽夫（Vint Cerf）提出了TCP/IP协议，逐步成为阿帕网的核心协议。随着时间的推移，这个网络连接了著名的学术机构，其国防意义却不再那么重要。1990年，在阿尔·戈尔（Al Gore）等美国政治家的推动下，阿帕网向普通公众开放。不久之后，超文本将在这里大放异彩。

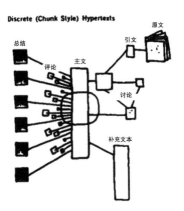

Discrete (Chunk Style) Hypertexts

原文

引文

总结

评论   主文

讨论

补充文本

• **超文本的离散型结构**

WWW

　　BBS、电子邮件、USENET，当时开放给公众的互联网上有着不少好玩的东西。和今天不一样的是，那会儿还没有浏览器。直到 1991 年，蒂姆·伯纳斯 - 李（Tim Berners-Lee）在欧洲粒子物理研究所工作时，提出了一套新的协议超文本传输协议（The Hypertext Transfer Protocol，即 HTTP），并且定义了超文本标记语言（HyperText Markup Language，即 HTML）。在这系统中，每一个事物都有一个统一资源标识符（URL），访问这个常被称为网址的标识符就能访问到这个事物。不仅如此，信息可以用 HTML 语言编写成文档，在这样的文档中，可以包含指向其他文档的超文本链接。

1991 年 8 月，伯纳斯 - 李在讨论超文本的 USENET "alt.hypertext" 上发帖子公开了这个项目。他把这套基于 HTTP 协议的网络命名为万维网（World Wide Web，即 WWW）。这套系统和已经存在的 TCP/IP 协议整合，把 IP 地址和 URL 结合在了一起。在过去，超文本链接指的是从一个文档可以连接到另一个文档，如今，有了 IP 地址和 URL，我们可以从一个网页跳转到另一个网页。这意味着超文本链接不需要限制在一时一地的文件，只要某个资源位于互联网上，有自己的标示符和 IP 地址，其他网页就可以建立一个链接。伯纳斯 - 李将他的伟大发明免费公开，到了 1993 年，已经有了多种专门访问万维网资源的客户端，想要玩这种网络，就去 USENET 上下载一个，访问网页。我们称呼这种客户端为浏览器，其中最著名的一个是"马赛克"（Mosaic），第一个能够显示图片的浏览器。好用的浏览器很快让 HTTP 协议普及开来，许多人开始用 HTML 编写网站。

Xanadu 上线

直到今天，上都计划的网站还像一个革命小册子，

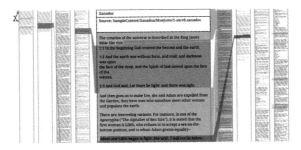

• Xanadu 上线

在一开始就是这么一段文字："计算机世界不仅是技术细节和让人眼花缭乱的乐子。它是关于软件的、政治与范式的持续战争。对于那些依然基本的理念，我们一直在战斗！上都计划常被严重误解，它要主动建立一个完全不同的计算机世界，基于一种完全不同的电子文档——平行页面，视觉互联。"

2014 年，"上都计划"发布了一个试用版本。这个版本仅有一个页面，打开后，你看到的是一篇宇宙学文章，用多种不同颜色划了"重点"。滑动滚动条你会发现，这些高亮的文字并非重点，而是连接到了其他几篇文章中。在这些文章中跳来跳去，不同颜色的高亮表达了一种近似于"引用"的关系。这一篇文章中的蓝色高亮区域对应于另一篇文章中的一段文字，而红色对应着另外一段。

　　所谓上都计划，就是这样一套能够展现不同内容之间联系的系统，而你看到的试用版只是它宏伟构想的一小部分。

　　在原始构想中，上都计划的超文本链接能够实现许多功能：被引用方的授权、引用文本随着原始文本的变化而变化、不仅是展示。理想中的上都本身也是一种写作的新形态：不需要按部就班设置顺序，不需要局限于单一文档。上都计划是尼尔森版本的 Memex，是他个人的梦想。然而讽刺的是，这个万维网之外的另一种选择，如今只能放在万维网上，用浏览器访问。

上都计划 2014 年试用版本的特点

- 不会失效的链接。

- 更简易和宽松的版权协议。通过特别的授权和方式，任何人都可以使用任何篇幅大小的引用，并将其顺畅地融合在一起。

- 双向链接。任何人都可以在任何页面上发布带有链接的评论。

- 相连文档之间的并排对照。展示文档的双向链接、版本之间的差异和原文本。

- 深度版本管理。文档可以增量修改，并保留每个版本；不同版本也可以延展出新的分支；作者可以轻易地辨识出不同版本的差异。

• 增量出版。在链接不失效的基础上，作者可以持续地添加新的修改内容。

1995 年，《连线》杂志采访了尼尔森，那篇文章题为《上都的诅咒》（*The Curse of Xanadu*），文中的尼尔森像是一位不成功的商人和学者，古怪又充满狂想。尼尔森非常愤怒，曾表示可能起诉。可就在这几年，很多事情发生了。基于万维网的超文本链接系统，人们搭建和编写了维基百科，将科学期刊中的论文加上了链接，拉里·佩奇、谢尔盖·布林和李彦宏分别发明了新的算法，利用超文本链接携带的信息，给网页和关键词的相关程度排序，重新定义了搜索引擎。对于世界，上都计划当然不是诅咒，却是失落的另一种可能。

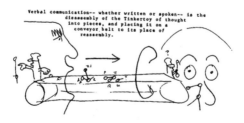

• 不论是口头的还是书面的，语言沟通都是这么一个过程：把思想的零件拆开，放到传送带上，运往另一个地方再组装起来。

　　伯纳斯-李曾经和马赛克浏览器的发明人，马克·安德森（Marc Andreessen）会面。据安德森回忆，伯纳斯-李对于浏览器支持图片很不以为然。尽管他将万维网开放出来，但却希望网络能像自己希望的方式发展，首先是一个发布学术信息的工具。那一次，伯纳斯-李也找到了尼尔森。不同的是，是尼尔森指出万维网的种种缺陷，和上都计划相比，单向链接到某一 URL 的方法太简单，很多功能都无法靠这个办法实现。

　　但和尼尔森的设想不同，也不是像伯纳斯-李设计的那样，互联网以自己的方式奔涌向前。回顾技术史，几乎每一个阶段，都有几种功能近似，共享"生态位"的技术同时存在，然而我们如今熟知的往往只是其中的赢家，

• "和我一起做梦吧，最好的尚未到来。"——特德·尼尔森，1974

有些时候，赢家甚至不一定是最强大、最先进、最优雅的。

几乎可以肯定，上都计划又将成为信息领域历史书中的小注脚。对此，我们不妨回顾一下恩格尔巴特的 NLS 系统后来的命运。这个系统最终没有产品化，然而当时的参与者，后来分散到了各个研究机构和企业中，催生了大量发明，不仅是鼠标，其他工具例如图形界面、协同编辑、视频会议等在后来的数十年中逐步融入了我们的生活。

追本溯源，我们甚至无法从如今的互联网中发现上都计划的基因，然而挖掘化石，又能发现这个已经灭绝的远古生物。对于现存物种来说，它是"另一种可能"。这种可能中蕴含的思想，早已开枝散叶。

陈朝 网名"量子熊猫"，认知神经科学硕士，科学松鼠会成员。现居北京，混迹于科技与人文的交叉路口如三里屯、五道口等地。

超文本进化之路

整理｜陈朝

　　你可知道最早的超文本系统出现在 1934 年的比利时？

Mundaneum 1934

　　比利时目录学家和企业家保罗·奥特勒（Paul Otlet）提出了"Mundaneum 计划"，该计划旨在收集和组织大量的书、文章、图片、音频与电影，建造一个巨大的共享资料库。奥特勒试图使用微缩胶卷归档数据，并借助文件连接系统使其变得易于搜索。它是最早具有超文本概念的系统。

World Brain 1938

　　英国科幻小说家赫伯特·W. 威尔斯在同名文集中提出了"世界脑"（World Brain）的概念，他希望能有一个免费、权威且永久的系统将世界的知识联合在一起，并方便任何人在需要的时候查询。

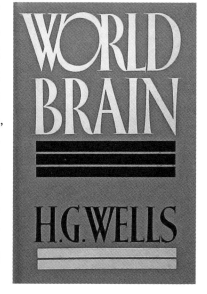

Memex 1945

万尼瓦尔·布什在《诚若所思》一文中，描述了一种可以从一段资料跳转到另一段的机器，称为 Memex，这是超文本思想的原型。

Pale Fire 1962

纳博科夫出版了小说《微暗的火》（*Pale Fire*），全书由前言、一首 999 行的长诗、评注和索引组成，评注部分远长于正文，读者阅读时需

要时常翻看前文的注释。该书出版一年之后，特德·尼尔森提出了"超文本"这个概念，并在布朗大学的一次会议上以这本小说作为超文本的演示。

Xanadu Project 1965

特德·尼尔森发表了"上都计划"（Xanadu Project）的宣言，表述了一种可以交叉索引的文本，这种文本拥有索引、版本控制、互相连接等诸多功能。可直到2014 年，他才发布了一个不完整的版本。

NLS 1968

　　道格拉斯·恩格尔巴特带领一批学者研发了"在线系统"，这个系统实现了文件之间的连接，是最早的超文本系统。

HES I & II 1967- 1969

　　布朗大学的安德里斯·范达姆（Andries van Dam）带领一群学生与特德·尼尔森研发了一套"超文本编辑

系统"（Hypertext Editing System），它可以在 IBM 大型机上运行，能够实现文本之间的互联。

FRESS 1972

布朗大学的同一批人又研制了"文件检索与编辑系统"（File Retrieval and Editing System），概念上和 HES 有很多差异，但同样实现的是超文本功能。

ZOG 1972

卡内基·梅隆大学研发的一套超文本系统，它使用互相连接的卡片串联信息。

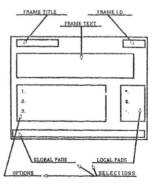

Figure 1. ZOG primary data structure: Frame.

Xerox Alto Desktop 1973

施乐公司的实验室研发了基于自由技术的超文本系统。

Aspen Movie Map 1978

麻省理工学院研发的多媒体超文本系统，可以让用户漫游虚拟的奥斯本市街景。

ENQUIRE 1980

蒂姆·伯纳斯－李在欧洲核子研究组织（CERN）研发了一套超文本协议，但是并未公开发表过。

Xerox Star 1981

施乐公司研发的划时代的个人计算机，这台计算机的编辑器自带超文本功能。尽管没有取得商业上的巨大成功，这台计算机的成果还是被苹果和微软吸收。

KMS 1981

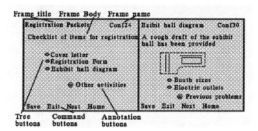

在 ZOG 系统基础上推出的商业化版本，包含了很多和 ZOG 近似的功能。

EDS 1981

"电子文档系统"（Electronic Document Systems）是布朗大学研发的另一个项目，可以将文本、图片等链接到一起。该套系统虽然精致但是没有取得很大成功。

HyperCard 1987

苹果公司推出的软件，可以将一系列虚拟卡片互相连接，最初连苹果公司也不知道这个软件能做什么，但是爱好者用它开发出了从百科全书到互动小说的种种奇特应用。

Gopher 1991

商业化网络，构建在 TCP/IP 协议之上。Gopher 和万维网的功能极为近似，但因为开发者曾考虑收费，也因为万维网提供了更好的协议，逐步被万维网取代。

WWW 1991

万维网，真正的大赢家。蒂姆·伯纳斯 - 李在 CERN 确立了超文本传输协议，构建在 TCP/IP 协议之上，并用 HTML 语言编写。我们如今使用的互联网都主要建立在万维网技术之上。

特德·尼尔森语录集

整理 | 林沁

　　关于技术、信息、超文本、虚拟现实、应用、文件夹、智能、cyber、虚拟现实、图形界面、万维网，我们知道的都是错的。

　　　　　　计算机的目的是使人自由。

　　　　　　——特德·尼尔森，《计算机自由》，1974

梦想

- 新手总觉得计算机能让生活井然有序、更加便捷。之后他们发现，学习这个系统的难度与在过程中感受到的失望远远超过他们的想象。最终他们要么是半途而废，要么浅尝辄止。

- 我相信最初的梦想仍是有可能实现的。不过它不会在今天的系统上实现。

- 为什么电子游戏的设计远比办公软件好？因为开发游戏的人喜欢玩游戏。而设计办公软件的人则希望在周末能干些别的事情。

- 有人问我"文字处理与桌面出版的区别是什么"？我怎么会知道？这些是用在商品包装上的营销术语，与概念认知和用户利益无关。

极其愚蠢的争论—Macintosh 和 PC 之争

- 在我看来，Macintosh 和 PC 没有差别。Macintosh 的交互做得更好，但是它和 PC 都是一样的概念结构，都是由 PARC 用户界面（PARC User Interface, PUI）与普通的层级架构目录（即如今所说的"文件夹"）组成。

- 把一个层级架构目录称为"文件夹"与把一位监狱看守称为"咨询师"没什么两样，其本质都没有真正改变。（津巴多的监狱实验发现监狱看守的行为是结构化的，层级架构目录也会产生类似的效果。）

"计算机基础"的谎言

- 他们告诉你文件是分层级的；最基础的程序就是文字处理、数据库与电子表格；你必须使用"应用"；你必须费力地把自己真正想做的事处理成层级架构的文件，用"特定的应用"打开它们。

- 实际上，这些陈述都夹杂着谎言。他们描述了计算机的现况，但没说它可以是什么样，又应该是什么样。

"技术"的迷思

- 平底锅是技术。所有人造物都是技术。但是要注意使用这个词的人。就像"成熟""现实"与"进步"等词，"技术"也给你的行为设置了一个议程：一般称某物为"技术"，是想让你向它屈服。

- 超文本不是技术，是文学。文学是指那些我们包装并存储的信息（一开始是书籍、报纸和杂志，现在还有电影、录音、CD-ROM 等）。未来的文学类型决定了人类将被如何记录和理解。这些还轮不到"技术专家"来操心。

"信息"的迷思

- 信息都以"打包"的方式出现（媒体包，即"文档"），每个包都有自己的观点。甚至一个数据库也有自己的观点。

应用的奴隶

- 应用是一个闭包函数。你的数据不属于你，属于他们。你不能控制界面，他们可以。你只能在他们给你的选项中做选择。他们能改变软件，让你买新的版本，让你忍受学习适应新版本的不便。你很可能不想这么做，但是你无法改变，你必须学着与它共处。
- 在 Unix 里，你几乎可以做任何事情。这里没有"应用"。你可以启动任何程序，向其中输入任何数据。如果你不喜欢这个结果，扔掉它们即可。计算机自由就意味着用户拥有这样的控制权。

文件的暴政

- 文件是指一大堆有固定名字与固定位置的数据，它的目录可能会改变，也可能不会。

- 在创作的时候，我们需要软件来保持连续性。有些创作项目的边界与名称时常重复交叠、变更且相互联系。
- 我们需要时刻与媒体内容的主体保持联系。媒体内容应当时刻都可以移动，而不用去顾及存储在哪里。

层级架构目录的噩梦

- 层级架构目录大约是在 1947 年发明的，现在不太可能找出精确的发明者和时间。当时可能有人问："我们该如何跟踪所有的文件呢？"然后有人回答说："咦，我们为什么不创造一个文件，里面是所有文件名组成的列表呢？"目录就这样产生了。目录只是个权宜之计，但是错误地大规模发展了。
- 对普通人来说，真正的项目倾向于重复交叠、相互渗透并持续改变。而软件想把它们局限在一个地方，安上一个固定的名字，这种做法愚蠢至极。

"隐喻"的愚蠢

- 设计软件时不应考虑它与过去事物的相似性，它应该有独立的概念结构，以任何适当的形状的组成。

- 有些人想要用"隐喻"（metaphor）这个词来概
括所有的概念结构，借此模糊有相似性的概念结
构与无相似性的概念结构之间的显著区别。我并
不同意。我坚持认为"隐喻"只能用于形容前
者，而要描述后者就要用"抽象虚拟""概念结
构""构建系统"这类词。我认为这种抽象虚拟
的设计才是软件设计真正要做的事。

"所见即所得"的罪错

- "所见即所得"（WYSIWYG）真正的意思是，
"你看到的就是你打印出来的样子"。所以这句冠
冕堂皇的口号说的是把计算机当作一个纸张模拟
器来用。用电脑屏幕模拟纸张，就是几乎所有的
消费级应用正在做的事。但这就像拔掉波音747
的机翼，把它当公共汽车在公路上开一样。
- 真正的软件设计将走进纸张无法视觉化的领域，
它将打破思想和展示形式的牢笼。

"Cyber-"指"我不知道我在讲什么"

- "Cyber-"（赛博）源自希腊语"kybernetikos"
的词根，意为"舵手"（steersman）。诺伯特·维

纳（Norbert Wiener）发明了"cybernetics"（控制论）这个词，用它来描述利用反馈来做调整的事物，比如利用左右转向来纠正自行车或汽车的方向。所以"控制论"实际上研究的是"控制链接"，即事物与控制事物之间的连接方式。

- 但是随着它被非正式地引用至计算机的各个领域，控制论这个词引起了令人绝望的混乱。人们开始用"cyber-"开头，创造出一些愚蠢的词汇，用来描述一些他们不懂的概念。比如"cyberware"（数码假肢）、"cyberculture"（数字文化）、"cyberlife"（网络生活），它们几乎没有任何意义。从那之后，一般而言由"cyber-"开头的词的意思是"我不懂我在说什么，或者是我只是在愚弄和迷惑你"。

智能设备、智能服装、智能口香糖

- 当人们谈到"智能控制器"、"智能界面"时，是指某个地方安装有某种程序。但请不要降低"智能"这个词的价值，把它草率地用在一些驱动器、缓存器和低技术含量的小玩意上。

"虚拟现实"——一个矛盾的词

- 据我所知，"虚拟现实"这个词是在 20 世纪 30 年代由一位法国人发明的，并由杰伦·拉尼尔（Jaron Lanier）等人推广开的。它有不少问题。

- "虚拟"的反义词是"现实"——因此"虚拟现实"是个悖论或者说矛盾词，有点法国味，不过它没什么意义。

- 按照现在的用法，它只是指三维——但是增加了迷惑性。我认为，如果你的意思是"三维的交互式图形"，你就应该说"三维的交互式图形"。而不要引起混乱，假装是在指意义更宽泛的事物。

如今的"图形用户界面"

- 用"图形用户界面"（graphical user interface）这个词，或者说"GUI"，来描述如今的软件外观与控制，是一个悲伤的误用。

- 可以有许多其他更加图形化的界面。但是 Macintosh、微软 Windows 和 Unix 的 Xwindows 的图形用户界面是相同的（按性能表现的平稳性降序排列）。

- 所有这些笨拙、相似的界面都是基于 20 世纪 70 年代施乐 PARC 设计出来的东西。因此，它们应该被叫作 PARC 用户界面（PARC User Interface），或者 PUI。
- 在那个时候，它们是美妙的、创新的东西。不过现在它们过时了，笨拙且局限性很大。

"界面"与虚拟性

- "界面"这个词的用法通常是错的。"我不喜欢这个界面"一般是指"我根本不理解到底发生了什么"。而这个其实与程序的概念结构有关，与它的外观无关。
- 当人们说"界面"的时候，通常指的是"虚拟性"。
- 当你在设计或者决定一个功能的时候——通常就是这种情况——你是在设计它的概念结构和使用感受，或者说它的虚拟性。

万维网

- 万维网是一个"序列 - 层级架构"沙文主义者对超文本可做出的最大让步。
- 试图修复 HTML 就像试图给汉堡包安上手和脚。

- 上都计划并非"没有成功地发明 HTML"，恰好相反，我们一直在试图阻止 HTML：它的链接容易失效且只能单向链出，它的引文无法追溯源头，它没有版本管理系统，也没有版权管理系统。

- "浏览器"这个概念极其愚蠢——它想在一个窗口里按顺序呈现一个巨大的平行结构。它并不能有效地展示这个结构。

本文翻译整理自 hyperland.com/Ted CompOneLiners，有删节。

执行策划：

Lobby（旧时代的科技魔法和技术预言）

傅丰元（特德·尼尔森和上都计划）

不知知（世界末日全方位硬启动手册）

Lobby（关于死亡的技术、认知和哲学）

微信公众号：离线（theoffline）

微博：@离线 offline

知乎：离线

网站：the-offline.com

联系我们：AI@the-offline.com